从小爱科学——生物真奇妙（全9册）

嘘——小声点儿

［韩］郑禄椒　著

［韩］洪惺利　绘

千太阳　译

石油工业出版社

咯噔，咯噔！

窝里的蛋正在剧烈地摇晃。

小三角龙悄悄地露出了脑袋。

东张西望！

三角龙妈妈给小三角龙取了个好听的名字，叫"小角"。

咔嚓咔嚓！

小角一口气将所有的果实都吃了个干净。

　　吃饱喝足的小角，脑袋一下一下地打起了瞌睡，终于忍不住趴在窝里睡着了。

　　恐龙是很久以前生活在地球上的爬行动物。三角龙的脑袋上长有三个角。它们是食草动物。

嗡嗡嗡!

这是一只巨大的蜻蜓拍翅膀的声音。

　　在恐龙生活的侏罗纪时代,天上飞着很多蜻蜓。在恐龙诞生之前,蜻蜓就已经生活在地球上了。据说,当时最大的蜻蜓有60厘米那么长。

"你能不能安静地飞？我都被你吵得睡不着觉了。"

被蜻蜓吵醒的小角抱怨了一句，再次趴下来想要睡个回笼觉。

轰轰轰!

地面上传来震动声。

原来是慢龙去洗澡。

"走路能不能轻一点儿。吵得我没法睡觉了！"

小角发了一顿脾气，马上躲在山丘后面。

慢龙因为走得很慢，所以具有"缓慢的蜥蜴"之称。慢龙的脚上长有脚蹼，据说是个游泳能手。

噗噗!

天下掉下一团巨大的便便。

"喂！这里可不是厕所！"

小角气急败坏地喊道。

听到声音，暴龙马上流着
口水望向小角。

小角"刺溜"一下躲进了
洞穴里。

　　暴龙是以其他恐龙为食，最凶猛的食肉性恐龙之一。暴龙是"残暴的蜥蜴"的意思，也称霸王龙。

轰隆隆！嘭！

洞穴突然塌了下来。

原来是正在玩捉迷藏的剑龙不小心踩到了洞穴。

剑龙的尾巴上长有四根尖刺，背部则长着三角型的骨板，因此看起来很凶猛。但事实上，它们只是以草为食的食草性恐龙。

"你们到别的地方去玩吧！我都没法睡觉了。"

此时……

嗖哦哦哦!

一只巨大的翼龙飞过来，一口衔住小角，冲上了高空。

鸟掌翼龙是一种拥有
巨大的翅膀的翼龙。成年
鸟掌翼龙的翅膀长度可以
达到 12 米长。翼龙是一
种可以在天空中飞翔的爬
行类动物。它们的主要食
物是各种鱼类。

"喊！怎么会这么硬？"

鸟掌翼龙皱了皱眉头，"呸"的一声将
小角吐了出来。

呜呜呜呜!

小角一直往下掉，
仿佛没有尽头……

　　小角"啪"的一声，落在腕龙正在进食的
大树上。
　　"你是谁？能不能让开？"
　　小角只好从大树上跳了下来。

腕龙的脖子很长，所以可以吃到长得很高的树上的叶子。成年腕龙的个子高达 16 米，而脖子的长度就占据了 9 米之多。

摇摇晃晃！

小角感到地面正在剧烈地摇晃。

原来它此时正站在长长的梁龙身上。

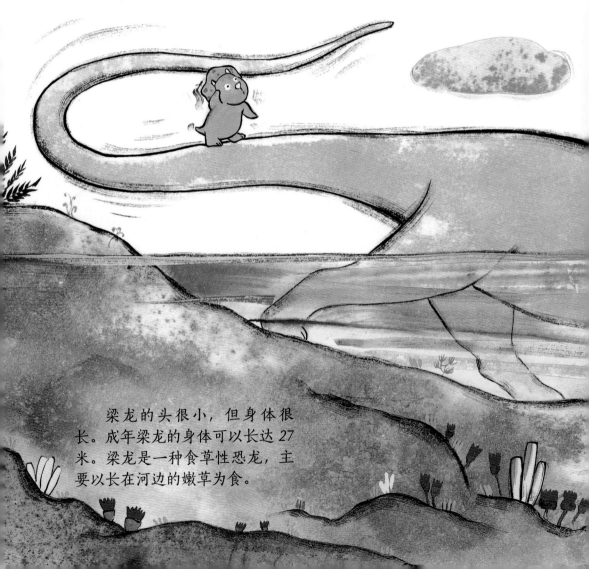

梁龙的头很小，但身体很长。成年梁龙的身体可以长达 27 米。梁龙是一种食草性恐龙，主要以长在河边的嫩草为食。

"咦？这里是哪里？"

小角疑惑地东张西望，不小心"扑通"一声，掉进了水里。

小角顺着水流一直漂到了大海。

"啊！我不能呼吸了。"

咕噜咕噜！

小角的嘴巴里冒出很多气泡。

没法呼吸的小角最终落在圆圆的鹦鹉螺身上。

"好重！赶紧给我走开！"

鹦鹉螺摇了摇身体。

小角连忙提起精神，爬上了一座小岛。

鹦鹉螺是一种长有很多触手，背着壳的动物。它的外壳呈螺旋形，形似鹦鹉嘴，因此得名。

今天，人们发现了很多鹦鹉螺的化石。

滑溜溜!

这座岛的地面非常滑。

原来这不是岛,而是一只潜隐龙。

"真想找一个安静的地方睡一觉啊!"

潜隐龙又叫蛇颈龙，它最大的特征是长有密密的细长牙齿，它是生活在水中的巨大的两栖动物，主要以各种鱼为食。进入水中的时候，它们会吞下石头，让自己变得更重一些。

好心的潜隐龙将小角带到
了它家的附近。

"你不睡觉又跑哪儿玩去了？"
妈妈迎接小角说道。

"哈啊！"

小角打了个大哈欠，然后倒在妈妈的怀里睡着了。

恐龙生活在什么时候

恐龙是人类出现之前生活在地球上的动物。

大约 2 亿 300 万年前，恐龙首次出现在地球上。这个时期出现的大多是体型较小、动作灵敏的小型恐龙。人们称这个时期为三叠纪。

后来，随着地球的气候渐渐变暖，恐龙的数量和种类突然暴增。人们称这个时期为侏罗纪。这个时期在地球上生活的主要有梁龙、腕龙和剑龙等恐龙。随着时间的流逝，恐龙的数量和种类变得越来越多。在恐龙的数量最多的白垩纪，生活着三角龙和暴龙等恐龙。

腔骨龙

有着狭长的脑袋，嘴里长着很多尖利牙齿的恐龙。

美颌龙

娇小轻盈的恐龙，大小与鸡相似。

甲龙

身披重甲，用尾部的尾锤击退敌人。

那么多的恐龙
为何会消失

大约在 6600 万年前，恐龙就从地球上消失了。关于恐龙如何消失的问题，科学家们存在着很大的分歧。目前，最普遍也是最被认可的说法就是小行星撞击地球的说法。如果宇宙中的小行星撞击地球就会引发巨大的爆炸，而且会伴随大量的尘埃飘浮到天空中，阻挡了太阳的光和热，导致了地球的气候发生了变化。如此一来，植物的枯萎使得其它物种逐步走向死亡。因此，很多人猜测这就是导致恐龙灭绝的原因。

萨尔塔龙

以食草和树叶为生的食草性恐龙。

伶盗龙

动作灵敏、擅长奔跑，所以人们叫它"敏捷的盗贼"。

1 小角到了大海后落在一个动物的身上。这个拥有坚硬外壳的动物叫什么名字？

2 找出符合每个恐龙特征的内容，用线连接起来。

（1）

剑龙

① 有着"残暴蜥蜴"之称的恐龙。

（2）

暴龙

② 尾巴上长着4根尖刺，背部长着一排巨大的骨板。

（3）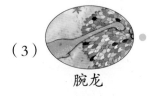

腕龙

③ 伸着9米长的脖子，专门吃长在很高地方的树叶。

3 你最喜欢什么恐龙？说说你的理由。

答案 1. 鹦鹉螺 2.（1）② （2）① （3）③ 3. 长的三角形，因为它长着三根帅气的角。